让孩子

赢在格局

谷雨 编著

北方妇女儿童出版社
·长春·

U0695448

版权所有　侵权必究

图书在版编目（CIP）数据

让孩子赢在格局 / 谷雨编著. -- 长春：北方妇女

儿童出版社, 2024. 11. -- ISBN 978-7-5585-8885-3

Ⅰ. B848.4-49

中国国家版本馆CIP数据核字第2024LH3033号

让孩子赢在格局
RANG HAIZI YING ZAI GEJU

出　版　人	师晓晖
责任编辑	刘　莉
装帧设计	韩海静
开　　本	710mm×1000mm　1/16
印　　张	8
字　　数	90千字
版　　次	2024年11月第1版
印　　次	2024年11月第1次印刷
印　　刷	三河市南阳印刷有限公司
出　　版	北方妇女儿童出版社
发　　行	北方妇女儿童出版社
地　　址	长春市福祉大路5788号
电　　话	总编办：0431-81629600
定　　价	59.00元

序言

在漫长的人生旅途中，每个孩子都如同星辰一般，应当拥有着美好且璀璨的未来。格局这个看似抽象却至关重要的概念，是引领孩子成长的罗盘，它不仅指引着他们成长的方向，更指示着他们未来能够触及的高度与广度。

在成长过程中，孩子们面临的不仅是知识的比拼，更是眼界、心态与格局的较量。一个拥有大格局的孩子，能以更加深远的目光审视世界，以更加宽广的胸怀接纳不同声音，以更加坚定的信念追求梦想。他们懂得在逆境中寻找机会，在顺境中保持谦逊，始终以一种高瞻远瞩的姿态，走向更加辉煌的明天。

基于这样的认识，笔者精心策划并编写了这本书。本书旨在通过更加适合孩子的方式，引导他们在轻松愉快的氛围中逐步构建起属于自己的大格局，为未来的成长与成功奠定坚实的基础。

在"情景小剧场"板块中，我们特别选取了贴近孩子生活的情景故事，以他们为主角，通过情景再现的方式，让孩子们在故事中看到自己的影子，感受不同情境下的选择与后果。这些故事不仅富有教育意义，更能激发孩子们的情感共鸣，让他们在潜移默化中学会如何以成熟和理性的态度面对生活中的挑战。

"格局小课堂"以师生对话的形式展开，通过生动有趣的对话，将深奥的道理寓于日常对话之中，让孩子们在轻松愉快的氛围中理解格局的内涵与价值。这种新颖的教学方式避免了传统说教的枯燥无味，能让孩子们在参与和互动中加深对格局的认识与理解。

"格局故事会"汇聚了古今中外关于格局的经典小故事，这些故事不仅内容丰富、情节生动，而且与当前章节内容紧密相连，旨在通过具体的历史人物和事件，向孩子们展示格局的重要性。

"格局演练屋"是对每章内容的总结与升华，通过强化演练题目，鼓励孩子们将所学应用于实际生活中，提升自己的格局意识与能力。这个板块不仅是对孩子们学习成果的检验与巩固，更能让他们实现自我提升与成长。

这本书以独特的视角和丰富的内容，为孩子们打开了一扇通往广阔世界的大门。我们相信，通过本书的陪伴与引导，孩子们将学会以更加开阔的视野审视世界，以更加高远的目标激励自己，以更加坚忍的意志面对挑战，最终拥有属于自己的精彩人生。

目 录

理解格局

格局是
怎么一回事儿

「格局是什么」——想有格局，先搞懂什么是格局

龙龙是班里的尖子生，考试成绩总是名列前茅。一次，龙龙的同桌雯雯向他请教一道数学题。

没想到龙龙却冲着雯雯冷嘲热讽地说道："这都不会，真是太笨了！我没有时间给你解答这种低级问题。"随后，龙龙就好像什么也没有发生过一样继续看书了。

雯雯十分难过，她默默地低下头，不再说话。旁边的丽丽听到了他们的对话，她生气地对龙龙说："你太没格局了！大家都是同学，为什么不能互相帮助呢？"

小朋友，你知道雯雯所说的格局是什么吗？

格局小课堂

"老师，到底什么才是'格局'呢？"

"一个人的格局就是他对某件事物的认知，是他看问题的角度和高度，在生活中体现在待人接物的方式上。"

"老师，我们该怎么提醒龙龙，让他知道这样做不对？"

"我会找机会和他谈一谈。希望能够让他明白，真正的尖子生不仅要有好成绩，更要有广阔的胸怀。"

总结

　　一个人的价值不仅体现在成绩上，更在于他能否与他人和谐相处，共同进步。一个人格局的大小，决定了他的人生高度。

胯下之辱

韩信是汉朝开国皇帝刘邦手下的大将军。他年轻时家境贫穷，被人看不起。一天，一个屠夫想要戏弄一下韩信，于是他对韩信说："假如你不怕死，就拔剑来刺死我；如果不敢，那就从我的胯下爬过去。"韩信虽然知道对方这是在挑衅自己，但他却平静地俯下身去，从对方的胯下爬了过去，人们都嘲笑韩信是个懦夫。

后来，韩信帮助刘邦击败了项羽，还被封为楚王。当他重返故地时，特意召见了那个侮辱过自己的屠夫。大家都认为那个屠夫怕是凶多吉少，让人出乎意料的是，韩信不仅未加害他，反而封他为官。他指着屠夫告诉将相们："这是位壮士。当时他羞辱我时，如果我拔剑和他拼命，恐怕不会有今天的功业，这都得归功于当时的隐忍。"

这就是关于韩信"胯下之辱"的典故。这个故事告诫人们：遇事要冷静，必要时要忍辱负重，有格局才能成大事。

❶ 当同学请教问题时，保持耐心解答，用友善的态度交流。

❷ 乐于分享自己的知识和经验，积极帮助同学解决困难。这样不仅能帮助同学，还能加深彼此之间的友谊。

以下哪种行为最能体现龙龙已经改正了自己的不足？

A. 在课堂上不再举手发言，避免引起其他同学的注意。

B. 在课间独自玩耍，不再与同学交流。

C. 主动帮助同学解答问题，并与他们分享学习经验。

D. 在考试中故意考取低分，以减少与同学的差距。

正确答案：C

"格局并非大度"——格局是胸怀，也是智慧

龙龙在学习上很上进，却总是在小事上斤斤计较。一次，他的同桌雯雯不小心把他的橡皮擦碰到了地上。

雯雯连忙捡起橡皮擦，诚恳地道歉说："对不起，我不是故意的。"龙龙却生气地说："你怎么这么不小心？"尽管雯雯一直在道歉，但龙龙却始终不依不饶。

这件事后，龙龙发觉同学们渐渐和他疏远了，他终于意识到自己的做法是多么狭隘，于是他开始反思自己的行为，并主动向雯雯道歉。你认为如果龙龙能够拥有更大的格局，学会宽容和理解，他的人际关系会不会变得更加和谐呢？

你怎么这么不小心？这可是我最喜欢的橡皮擦！

龙龙，对不起，我不是故意的。

"老师，我觉得龙龙开始明白格局的重要性了。他之前总是因为小事斤斤计较，但现在开始学会反思了，这是成长。"

"你说得对。格局不仅是大度，准确地说是一种对未来的认知。龙龙如果能学会宽容和理解，他的未来之路会更广阔。"

"原来是这样啊，那我也要变得有格局！"

"想要变得有格局就要先做到大度。但是真正的格局可不只是大度，还要能看得到自己脚下通往未来的路，它其实是一种远见。"

总结

　　格局不只是大度，也是一种胸怀，更是一种智慧，是对未来的规划和追求。拥有大格局的人，比其他人更能够抓住机会，最终成就自我。

宰相肚里能撑船

三国时期，蜀汉丞相诸葛亮在临死前，点名让蒋琬接替自己的位置，辅佐蜀汉后主刘禅处理朝政。

蒋琬有个下属名叫杨戏，他性格孤僻，不善言辞，更不会官场阿谀奉承那一套。每次蒋琬和他聊天儿，他总是简单地回应，很少殷勤地回答。有人看不过去，就在蒋琬面前挑拨诬陷说："杨戏对您总是爱搭不理的，简直太不像话了！"蒋琬坦然一笑，说道："每个人都有自己的脾气和秉性，让杨戏当面说奉承我的话可不是他的作风。而且，如果让他当着众人的面说我的不是，他又会担心我没面子。所以，他只能不做回应。这正是他身上的可贵之处。"这件事很快在百官中传开了，于是便有人称赞蒋琬"宰相肚里能撑船"。通过这件事，蒋琬更加有威望，更受百官敬仰了。

❶ 学会宽容，小事不必过于计较，珍惜友情更重要。

❷ 用更宽广的视野看待问题，主动沟通，解决误会，让友谊更加深厚。

如果你像龙龙一样，在意识到自己的问题后，想要改善与同学们的关系，此时应该做什么？

A. 继续斤斤计较，坚持自己的立场。

B. 学会宽容，主动与同学沟通，寻求谅解。

C. 避免与同学接触，避免更多冲突。

D. 等待同学们自己改变态度。

正确答案：B

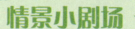

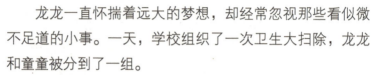
「格局那么重要吗」——格局是大事，但需从小事做起

　　龙龙一直怀揣着远大的梦想，却经常忽视那些看似微不足道的小事。一天，学校组织了一次卫生大扫除，龙龙和童童被分到了一组。

　　童童看到龙龙还在埋头看书不参与劳动，就走上前去对他说："龙龙，我们一起打扫教室吧！这样既能锻炼身体，又能为班级争取荣誉。"然而，龙龙却摆了摆手，不屑地说："这些小事不值得我花时间，我要做的是大事。"

　　因为龙龙的不配合，这次卫生评比中他们班落选了。龙龙也因此失去了当年三好学生的评选资格。

格局小课堂

"龙龙，虽然你的梦想很伟大，但你知道吗？格局的大小和梦想的大小并不是一回事儿。如果你连身边的小事都处理不好，又怎么能实现大的梦想呢？"

"龙龙，老师说得很对。如果班级里的每个人都能积极参与这次大扫除，我们的班级就会更有凝聚力。打扫教室虽然是小事，但它也能培养我们的责任感和集体荣誉感，如果连这些都做不到，怎么可能团结周围的人一起克服困难呢？仅仅依靠个人，你的'大梦想'实现起来一定会困难重重。"

"老师、童童，我懂了。我忽略了这些小事的重要性，导致我们班失去了荣誉。我应该从小事做起，培养自己的责任感。只有这样，我的理想才会变得真正有意义。"

总结

　　不管梦想有多大，处理好眼前的小事很关键。"一屋不扫，何以扫天下"，没有小事的积累，也就没有成就大事的力量。

陶侃搬砖

陶侃是东晋时期的名将，他曾在广州做官。工作之余，陶侃有很多闲暇时间。但是，他从来不沉溺于享受安逸的生活，反而想出了一种十分特殊的方式来磨炼自己。每天早上，他都会从屋里往院子里搬砖；等到晚上，他再把砖头一块一块地搬回去。就这样日复一日，年复一年，陶侃始终坚持不懈。他的下属困惑不解地问他原因，他解释道："我的志向是投身国家大事，收复中原失地，假如我习惯了安逸的生活，将来又怎么能够担负重任做大事，又该如何为国尽忠？我每日用搬砖来提醒自己，不要忘了远大的抱负。"通过这样的坚持，让陶侃的品格与毅力得到了磨砺。几年后，他终于得到了重用，奉命前往平定王敦之乱。最终，陶侃不仅平定了叛乱，还收复了荆州，最终实现了他的人生志向。

① 重视每一件小事，它们是构建梦想的基石，也是培养责任感和集体意识的起点。

② 不要因小失大，集体荣誉和个人荣誉往往是从小事中体现。

你正在学习，一位同学特地来邀请你参加植树活动，你该怎么做？

A. 放下书本，参与植树活动。

B. 认为这次活动跟学习无关，自己坚持看书学习。

C. 劝说同学，两人都不要去参与植树活动。

正确答案：A

情景小剧场 ★

『为什么格局有差距』——怎样的环境有益于培养格局

　　龙龙和雯雯一起做实验，每次龙龙总是迫不及待地表达自己的想法。

　　"我的想法绝对比你的强！"龙龙自信满满地说。"我觉得我们可以把两个想法结合起来，或许会有更好的效果。"雯雯提出自己的建议。

　　"不用不用，听我的就对了。"龙龙却打断了雯雯的话，他还取笑她的观点太过幼稚。结果龙龙的方案导致实验失败，他心情十分沮丧。雯雯却不停地安慰他，这让龙龙很受触动，两人决定从头再来。后来，他们做的实验终于得到了老师的认可，他们开心极了。

对不起，因为我的固执把事情搞砸了。

没关系，至少我们还有改正的机会。

格局小课堂

"老师，我有个问题。为什么人与人的格局会不同呢？"

"其实，决定一个人格局的高低有很多因素，比如生活的环境、性格、家庭还有价值观等。其中对格局和思想的形成至关重要的因素，就是成长环境。"

"老师，龙龙太自信了，总是不愿意听雯雯的意见。而雯雯不仅提出了自己的想法，还懂得安慰和鼓励龙龙。所以，我更欣赏雯雯的做法。"

"很好，这说明你明白了一个道理：格局的大小不仅在于个人的能力，更在于能否理解和尊重他人，懂得合作与倾听。既然人的格局由环境决定，那我们就承担这个义务，成为影响他的那个人吧。"

总结

格局的大小和成长环境息息相关。即便对方的地位、眼界不高，也要保持最大的尊重，这才是最高的格局。

一年三季的"三季人"

　　孔子是儒家学派的创始人，他的格局非常高，被人们称为"圣人"。传说有一天，孔子门下的一个学生同一名陌生男子发生了激烈的争执。那名男子非常固执，他坚称"一年里只有三个季节"，而孔子的学生则坚持认为一年之中有四季。两人各执一词，争论不休，于是他们决定去找孔子评理，并打赌输的人要给赢的人磕头认错。

　　孔子听了他们的理由后，微笑着对那名男子说："你说得没错，一年确实只有三季。"孔子的学生听后大惊，虽然心中不满，但仍按约定磕头认错。等那人走远后，孔子跟学生解释道："假如我说那个人是蚂蚱精变成的，你可相信？他春生秋死，所以生命里只有三季，他怎么可能知道四季的存在？你又何必与他争论？"那个学生听后恍然大悟，对孔子的智慧更加钦佩。

❶ 因为成长环境和性格的不同，人与人之间才有了格局的大小不同之分，我们应该保持包容的态度，因人而异寻求最佳沟通方式。

❷ 面对格局差距所造成的失败，不要抱怨和指责，积极寻找解决办法才是最佳方案。

在团队合作中，以下哪种做法更有助于团队的成长和成功？

A. 坚持己见，不听取他人建议。

B. 抱怨队友，推卸责任。

C. 倾听并尊重队友的意见，共同寻找解决方案。

正确答案：C

勇于挑战

有格局
的人不会
踌躇不前

"我感觉我不行" ——建立自信心是勇敢的基石

亮亮是一个非常内向的孩子。一天，老师提出了一个关于课文内容的问题，其实亮亮的心里早就有了答案，但他却没有勇气回答，只好把头埋在课本里，满脸通红地躲避着老师的视线。可是，讲台上的老师还是注意到了亮亮的异样，于是她点名让亮亮回答，亮亮这才犹犹豫豫地站了起来。在老师的耐心引导下，亮亮终于说出了答案。老师问亮亮为什么不举手发言，亮亮低下头，小声地说："我怕说错了被大家笑话。"原来，亮亮是缺乏自信，他怕答错会被同学们嘲笑，正是这种担忧让他选择了沉默。

格局小课堂

"老师，亮亮的回答很好，但他为什么总是这么害羞呢？"

"那是因为亮亮缺乏自信，他怕回答错了，大家会笑话他。"

"可是，大家并没有因为这个笑话他呀，只有他自己那样认为。"

"你说得对。我们应该鼓励亮亮，让他知道回答错了并不可怕。然而，因为他的顾虑，让他失去了很多表现自我的机会。"

总结

　　在学习和生活中，自信是每个人必备的品质。自信也是让人克服恐惧、奔向成功的"灵丹妙药"。

021

毛遂自荐

战国时期，天下纷争，群雄割据。一次，赵国面临被秦国亡国的危机，平原君临危受命寻找有志之士一同前往楚国求援。

平原君的门客众多，其中有一个名叫毛遂的人自告奋勇，愿意同平原君前往楚国。因为毛遂平时并没有什么建树，平原君刚开始还有些犹豫，但最终被毛遂的坚定和自信打动，决定让他一同前往。

毛遂随平原君来到了楚国，眼见平原君和楚王谈了一上午还没有结果，这时他挺身而出。面对楚王的质疑和犹豫，他毫不退缩，最终凭借自己的智慧和口才，成功说服了楚王，同意出兵援助赵国。消息很快传回了赵国，举国上下一片欢呼，毛遂也因此名扬天下。"毛遂自荐"也成了后人比喻自告奋勇的行为的成语典故。毛遂的胆识和信心，世代被人们称赞。

❶ 勇于尝试，出现错误是学习的机会，不要因担心嘲笑而错过展示自我和成长的机会。

❷ 积极参与讨论，与别人主动交流想法，逐渐克服害羞心理，提升自信心。

面对课堂上的提问，你因对自己的答案不自信而不敢举手，你应该：

A. 继续保持沉默，避免回答。

B. 与同学交流想法，积极参与课堂讨论。

C. 只在确定答案无误时才举手。

正确答案：B

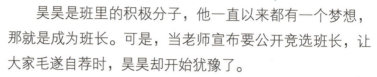

"我觉得太难了"——敢于面对困难就已经赢了一半

　　昊昊是班里的积极分子，他一直以来都有一个梦想，那就是成为班长。可是，当老师宣布要公开竞选班长，让大家毛遂自荐时，昊昊却开始犹豫了。

　　同桌小华看出了他的心事，于是鼓励他说："昊昊，你不是一直都想当班长吗？快去竞选哪，多好的机会！"昊昊却吞吞吐吐地说道："可是，我担心自己能力不够，被大家笑话。"

　　小华听后笑了笑，说道："敢于尝试的人才是最厉害的，那些不敢参与的人才会被笑话吧？"最终，昊昊鼓起勇气参加了班长的竞选，出人意料的是，他真的如愿以偿当上了班长。

只有勇敢才能创造奇迹。

"昊昊，我听说你想竞选班长，但为什么犹豫了呢？"

"是的，老师。但我怕我做得不够好，会让您和同学们失望。而且，有好多同学比我优秀，我觉得和他们竞争真的太难了。"

"昊昊，参与的意义不在于是否成功，而是为此奋斗的过程。机会就在眼前，被困难吓倒，还没有尝试就选择放弃，难道不可惜吗？"

"我明白了，努力的过程大于结果；敢于面对困难就已经赢了一半。我这就报名去！"

总结

　　勇于参与，过程比结果更重要，因为那是成长的过程，勇于尝试就已经胜利了一半。

破釜沉舟

项羽是我国历史上的一位名将，至今仍然流传着很多关于他的传奇故事。

一次，秦将章邯包围了赵国巨鹿城，项羽率领楚军要去营救赵国。为了激发将士们的斗志，在楚军全部渡过漳河以后，项羽先是让士兵们饱饱地吃了一顿饭，每人再带三天干粮，然后项羽做出了一个令人震惊的决定——他下令破坏了所有船只，烧毁了全部军营，并将军中煮饭的大锅也全都砸破，沉入了江底。经过这一系列的举动，楚军没有了任何退路，只能和秦军展开殊死搏斗。本来以为胜利无望而坐以待毙的楚军将士，在项羽的激励下士气大振。在后面的战役中，楚军以势如破竹的气势，最终成功地击退了秦军，创造了奇迹。破釜沉舟的故事流传至今，成为鼓励人们勇往直前直面困难的著名典故。

❶ 面对困难，要正视自己的能力，直面挑战。只有敢于迈出那一步，才有成功的可能，否则一定会失败。

❷ 积极准备，对困难做好应对措施。必要时及时寻求支援，可以向朋友或家人寻求支持和鼓励，以增强自信心。

如果你遇到了自认为是能力范围以外的事，应该怎么做？

A. 担心自己能力不够，选择放弃。

B. 正视挑战，积极准备，并寻求支持。

C. 什么都不做，等老师直接安排。

正确答案：B

情景小剧场 ★

「失败了怎么办」——失败不是结局，放弃才是

周末，小鹏和他的朋友们一同参加自行车比赛。这是小鹏十分在意的比赛，他渴望自己能在比赛中取得好成绩，所以心里十分忐忑。

比赛开始后，小鹏每一步都十分小心，对失败的恐惧让他的动作变得僵硬，最终在一个急转弯处，他不慎摔倒了，膝盖血流不止。眼看逐渐落后，小鹏也萌生了退意。

就在这时，小伙伴们纷纷为小鹏加油打气，深受鼓舞的小鹏扶起自行车，深吸一口气，重返赛道。他不再害怕失败，而是勇往直前，最终完成了比赛。虽然他没能赢得第一名，但他的勇气和毅力却赢得了朋友们的敬佩。

格局小课堂

"童童，你觉得什么样的人最值得敬佩？"

"我觉得那些不畏惧失败的人最让我敬佩，即便他们经历了挫折，但是那份永不放弃的精神是很难得的。不畏惧失败、敢于挑战的勇气是最难能可贵的。"

"你说得太好了，人生的道路上难免会遇到困难和挑战，但只有那些勇于尝试、不怕失败的人，才能最终走向成功。这才是真正勇敢的人。"

"所以，我们要向那些勇敢的人学习！"

总结

失败和挫折是成长路上必然经历的，关键在于我们如何看待它们。有勇往直前的精神，勇于尝试，敢于挑战，才是实现梦想和目标的真正"捷径"。

卧薪尝胆

　　勾践是春秋末期越国的君王，他的国家曾被吴国灭了，他本人则被囚禁在吴国的监狱里，忍受着身心上的折磨。

　　三年后，勾践回到越国，过起了卧薪尝胆的生活。他每天晚上睡在粗糙的草席上，还时不时尝尝苦胆的味道，以此来告诫自己不能忘记曾经受过的耻辱。

　　勾践深知，想要洗刷过去的耻辱，实现复国的梦想，就必须励精图治，不断发展壮大自己的实力。他亲自耕田，其夫人则亲自纺织，同时重用范蠡、文种等人，越国国力渐渐恢复。正是这段卧薪尝胆的经历，让勾践深刻领悟到了成功的不易，从此他更加坚定自己追求的目标。最终，勾践凭借着自己的智慧和勇气，成功实现了复国的梦想，成为历史上一位伟大的君王。

❶ 在重要场合要学会放松，克服紧张情绪，保持冷静的头脑才是关键。

❷ 遭遇失败时不要过于沮丧，保持乐观的心态，往往能转败为胜。

当你面对困难时，以下哪种做法才是正确的表现？

A. 选择逃避，避免承担失败的风险。

B. 遭遇失败后，沉浸在沮丧和自责中无法自拔。

C. 勇敢面对挑战，保持乐观的心态，并积极寻找解决方法。

D. 过于自信，不顾实际情况，盲目尝试。

正确答案：C

『我不想继续了』——有始有终，坚持就是胜利

阿达的梦想是在长跑比赛项目中拿到冠军，于是他报名参加了学校举办的长跑比赛。经过日复一日的枯燥练习，他进步神速。

比赛的日子终于到了，随着发令枪响起，选手陆续冲出了起点。但是不久之后，阿达就被其他选手超越，这不免让他有些灰心。然而，他突然想起了老师、同学及妈妈曾经对他的鼓励，于是鼓足精神，向终点跑去。尽管后半段赛程十分艰苦，但阿达却不再有顾虑，反而越跑越快。等到冲过终点线的那一刻，阿达才意识到坚持的意义，要是自己当时放弃了，哪里会有现在的成功？

终点

格局小课堂

"童童，你觉得'坚持就是胜利'这句话是什么意思呢？"

"老师，我觉得这句话的意思是：不管遇到什么困难都不要放弃，一直努力下去，最后就能获得成功。"

"你说得很好。坚持不仅是一种品格，也是一种精神。它告诉我们，在人生前进的道路上，只有持之以恒，才能看到成功的曙光。能在困难面前坚持下去的人，往往都有过人的眼界和格局，这是最难能可贵的品质。"

总结

坚持是一种品格和智慧，能够拓宽眼界、提升格局。所以，拥有持之以恒的信念也是一种格局，它是我们在人生道路上取得成功的重要因素。

张骞出使

在距今两千多年的汉代，有一位名叫张骞的无畏使者，他肩负着汉武帝赋予的艰巨使命，踏上了通往西域的艰险旅途。这一路充满未知与危险，沿途都是无尽的茫茫戈壁和肆虐的风沙，还有来自异族的生命威胁。然而，张骞并没有因为这些困难而退缩，他无比坚定地踏上了这段艰难的征程。

旅途中，张骞经历了无数次的迷失与困顿，但他依旧咬牙坚持，凭借着坚定的信念和毅力，他战胜了狂风暴雨，一步步向前。在被匈奴扣留十年后，他选择了继续西行，终于穿越了茫茫戈壁。他不仅始终没有忘记自己的神圣使命，还找到了河西走廊这条通往西域的道路——丝绸之路。

张骞的出使不仅为汉朝带来了繁荣与昌盛，更为后世开辟了一条连接东西方的商贸之路，为丝绸之路的繁荣奠定了基础。

❶ 勇敢坚持，不仅需要信念，还要不断强大自己。

❷ 保持积极的心态与自我激励，世界上最强大的"兴奋剂"就是鼓励，鼓励往往能创造更大的奇迹。

当你正在准备一项重要的比赛或考试时，以下哪种做法最可能帮助你取得好成绩？

A. 逃避现实，认为自己没有能力成功。

B. 过度依赖他人的帮助，没有独立解决问题的能力。

C. 不断强大自己，积极面对挑战，坚持自己的信念和目标。

D. 轻易放弃，一旦遇到困难就选择退缩。

正确答案：C

培养领导力

有种格局
叫集体荣誉感

「我很理解你」——同理心是融入集体的基石

输赢不重要，重要的是我们能一起开心地踢球。

　　昊昊、小鹏和小华是志趣相同的朋友，他们在班级组建了一支足球队，小华是队长，昊昊和小鹏是队员。一次友谊赛上，因为昊昊的失误，导致球队输掉了比赛。小鹏为此指责昊昊粗心，两人产生了很深的矛盾。

　　小华决定让大家重拾信心，事后，他对小鹏和昊昊风轻云淡地说："别在意，只是一次小失误。重要的不是输赢，而是有这些好朋友在一起踢球，那才是最快乐的事情！"队员们被小华的同理心感染，渐渐地对输赢不再那么在意了，这反而让他们更加团结、更加享受比赛了，此后的比赛中他们不仅士气更加高涨，配合得也越发默契了。

格局小课堂

"童童，你觉得同理心对团队来说重要吗？"

"当然重要了。我觉得同理心可以让团队成员更好地理解彼此，减少误会。"

"没错，同理心确实是团队有凝聚力和格局的前提。一个团队里，如果大家都能设身处地地为他人着想，那么这个团队就会有无限的凝聚力。"

"我明白了，格局就是站在更高的角度看待问题，而同理心正是开启这种视角的钥匙。"

总结

同理心是建立团队凝聚力的钥匙，是互相信任的基础，也是展现领导力和格局的重要品质。

出裘发粟

　　春秋时期，有一年冬天，大雪纷飞。齐国的君主齐景公穿着华贵的狐皮大衣，坐在厅堂中欣赏雪景，却不知道百姓正在因大雪而挨饿受冻。宰相晏婴深深体会到民间的疾苦，决定进宫劝谏。晏子问齐景公："您感觉冷吗？"看齐景公没明白，晏子又继续说道："我听说古代贤明的君主都有同理之心，能够感受百姓的冷暖。难道现在您已经感觉不到百姓的饥饿和寒冷了吗？"

　　齐景公这才恍然大悟，感到十分惭愧。他马上下令，开放粮仓并分发衣物，救济饥寒交迫的百姓。他同时下令，不管是从哪里来的百姓，也不管什么身份，均尽一切能力给予百姓温暖和关怀。通过这件事齐景公终于明白，作为一国之君，他不仅要关注自己的安乐，更要时刻关心百姓的状况。只有保持同理心才有仁政，百姓才能安居乐业，国家才能持续强大。

① 在交流中尽量扮演倾听者，给予对方充分的表达空间，增进彼此的了解和好感。

② 选择从更高的角度思考问题，不被个人感情和视角局限。

如果你的方案遭到了质疑。以下哪个选项最能体现同理心，有助于增强团队凝聚力？

A. 直接反驳别人，坚持自己的方案是最好的。

B. 保持冷静，耐心听取别人的意见，并尝试从他的角度理解问题。

C. 选择不再讨论，认为与他人沟通没有意义。

D. 直接放弃自己的方案，表示听从别人的意见。

正确答案：B

　　昊昊、小鹏和小华三个好朋友准备参加周末举办的模型大赛。昊昊负责制作零件，小鹏负责准备材料，细心的小华负责组装，分配好任务后，他们三个就开始忙活起来。

　　刚开始所有人都信心满满，干劲儿十足。就在其他两个小伙伴各自忙碌的时候，小鹏却在树下睡着了，他觉得有昊昊和小华在，模型一样可以顺利完成，因此就偷起懒来。不一会儿，材料用完了，却怎么也找不到小鹏的身影了，于是昊昊和小华只好一边找材料，一边设计和制作零部件，紧赶慢赶才勉强把模型做完。不出意外，这次比赛他们很快就被淘汰了，此时小鹏惭愧地低下了头，再也不好意思见小伙伴了。

　　咦，小鹏跑到哪里去了？

格局小课堂

"童童，你觉得是一个人力量大，还是团队的力量大呢？"

"肯定是团队的力量大。因为团队合作能把大家的力量集中起来，完成一个人难以完成的事情。"

"你说得真好！团队合作不仅能提高效率，还能锻炼我们的沟通和协调能力。你觉得怎样才能更好地进行团队合作呢？"

"我觉得首先要互相尊重，互相支持；其次要分工明确，使每个人都能发挥自己的长处；最后每个成员不能只考虑自己，而是要考虑整个团队的利益。"

总结

　　在团队中，每个人并不是"单打独斗"，树立"利他"意识，站在更高的维度看待问题，培养并提升个人的格局，从而让整个团队更好地应对挑战、实现目标。

三个和尚

　　从前，大山里有一座古老的庙宇，庙里住着一个勤劳的和尚。他每天不辞辛劳地挑水、念经、打扫，将寺庙打理得井井有条，生活过得平静而充实。

　　有一天，一个胖和尚偶然路过这座寺庙，便安顿了下来。于是他们开始共同分担起庙里的工作，一起抬水，一起打扫卫生，生活依旧保持着和谐与宁静。

　　但好景不长，自从一个瘦和尚也加入进来之后，情况开始变得越来越糟。连挑水的工作，他们都开始互相推诿，都指望对方去挑水，结果水缸的水越来越少，最后连喝的水都没有了。寺庙也因无人打理而越来越残破，最后再也没有人来这里上香了。

　　这个故事告诉我们，在团队合作中，每个成员都应当肩负起自己的责任，而不是依赖他人。只有提升格局，齐心协力，才能确保团队的持续发展和繁荣。

格局演练屋

① 确保每个成员都清楚自己的职责，避免任务重叠和遗漏。

② 尊重团队成员的贡献，互相支持，共同面对挑战。超越个人视角，考虑团队整体利益，培养大局观。

在团队合作中，以下哪项做法最能体现格局和团队精神？

A. 团队成员各自为政，独立完成任务。

B. 团队成员互相竞争，争抢资源。

C. 团队成员分工明确，互相支持，共同为团队利益考虑。

正确答案：C

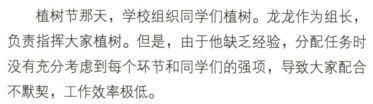

情景小剧场 ★

「按我说的办」——团队核心不是「传话机」

植树节那天，学校组织同学们植树。龙龙作为组长，负责指挥大家植树。但是，由于他缺乏经验，分配任务时没有充分考虑到每个环节和同学们的强项，导致大家配合不默契，工作效率极低。

眼看着同学们开始手忙脚乱起来，龙龙急得满头大汗，不知所措。

这时，一旁的小华走了过来，他对龙龙说："要不这样吧，按我的方法试一试，看看能不能协调大家。"龙龙好像盼到了"救星"一般，连忙点头答应。

小华先是总结了一下每个人的特长，然后重新分配了任务。在他的协调下，同学们分工明确，配合默契，很快就完成了植树任务。

格局小课堂

"童童，你觉得在团队合作中，什么是最重要的呢？"

"当然是指挥者的领导力了。我觉得只要领导者协调得好，每个人都知道自己该做什么，团队就能更有效率。"

"你说得没错。协调力不仅能提高效率，更决定了团队的格局。一个好的领导能够凝聚团队力量，让每个人发挥出自己的优势。"

"我明白了，一个团队就像是一座大楼，里面每个部件都得靠钢筋和水泥黏合，这就是领导力的作用。"

总结

在人生的道路上，我们不仅要努力提升自身能力，更要学会与人协作。只有合作才能创造出更大的价值，而真正的格局是源于团队协作的智慧。

范仲淹赈灾

范仲淹是我们熟知的北宋时期的文学家，其实他也是一位拥有大格局的领导者。有一年，浙江发生了非常严重的灾荒，范仲淹临危受命，挽救了百姓的生计，顺利解决了灾情。

范仲淹先是下令即立开仓放粮，并高价向粮商购粮，顺利解决了粮食短缺的问题。然后，他又举办各种民间活动，挽救地方经济，很快就把灾区人民的凝聚力提升起来。

最后，他协调了当地的寺庙住持，让僧人参与救灾，让灾民参与寺庙的建设。这样既达到了和尚修佛行善的目的，又解了灾民应对饥荒的燃眉之急。

范仲淹通过协调各方，成功消除了灾情的影响，又趁荒年替民间兴修水利，其中无处不体现出他的协调力和格局。

你真是我们的大救星啊！

① 在分配任务时，充分考虑每个团队成员的特长和能力可以提高执行效率。

② 明确任务分工，协调好工作流程，确保每个团队成员都清楚自己的任务和责任。

在团队项目中，当两位成员因为意见不合产生争执时，以下哪种做法是不推荐的？

A. 双方冷静下来，耐心倾听对方的观点。

B. 坚持自己的意见，不与对方沟通。

C. 寻求团队中其他成员的帮助，以达成共识。

正确答案：B

『交给我吧』——『难不倒』也是一种超能力

　　小文是班级里的"智多星"，又是热心肠，最重要的是什么事情都难不倒他，所以同学们对他都很信服。

　　有一次，几个男同学踢球时不小心把球踢进了废弃的水泥洞里，那洞又深又窄，人根本钻不进去，伸手也够不到球，几个同学一时间束手无措。这时，小文刚好路过，了解了情况之后，他仔细思考了片刻，然后就想出了办法。他让男同学打来水，向洞里面灌，不一会儿，洞就被水灌满了，足球竟然漂了上来。同学们激动不已，对小文更加佩服了。

　　像这样的事还有很多，同学们都叫小文"难不倒"。后来，班级竞选班长，小文全票通过，顺利当选了班长。

格局小课堂

"老师，为什么那些有解决问题能力的人都能做领导呢？"

"你的问题很好。因为在团队中，解决问题才是关键。只有具备解决问题能力的人，才能迅速获得信任，成为团队的核心人物。"

"老师，怎样才能具备这样的能力呢？"

"想做到这一点也不难，除了要时刻积累各种知识外，还要培养自己的思考问题和总结能力，并且要学会举一反三，这样就成为人人佩服的'难不倒'了。"

总结

在团队活动中，核心人物一定是拥有超凡解决问题能力的人。而这样的人往往都具备很大的格局，他们看待事物的角度与众不同，所以才会展现出惊人的智慧和能力。

曹冲称象

　　曹冲是魏王曹操的儿子，他聪明伶俐，小小年纪就有超强的解决问题的能力，被人们称为"神童"。一次，东吴的孙权派人送给曹操一头大象，大家都想知道它到底有多重。但是大象的体形这么大，哪有人能称得动呢？有人提议把大象切成块，有人建议造个巨大的秤，就连曹操都无计可施。

　　此时，年幼的曹冲却灵机一动，提出一个巧妙的方案：他让人把大象牵到大船上，然后在船舷上标记了水位线。接着，他让人把大象牵下船，再用石块填充船体，直到水位线与船上的标记重合。然后，只需称出这些石块的重量，就可以知道大象的体重了。曹冲当时虽然年纪很小，却有着令人惊叹的创造力，这不仅是因为他聪明，更源于他对知识的积累和对生活的细致观察。只可惜曹冲很小就夭折了，否则以他的眼界和格局，一定能像他父亲曹操一样，成就一番大事业。

❶ 注意观察，热爱学习，平时多积累各种知识，丰富自己的见闻。

❷ 遇事冷静，从不同角度思考问题；充分利用各种资源，学会利用集体的力量也是一种解决问题的智慧。

如果因为遇到难题，导致某事受阻，此时你应该怎么做？

A. 放弃这个难题，选择容易的任务。

B. 独自深入思考，努力找到解决方案。

C. 与同学讨论可能的解决的办法，并尝试不同的方法。

D. 责怪团队其他成员没有能力。

正确答案：C

激发想象力

思想是
格局的"靠山"

『这是为什么』——观察与提问是一切想象的根源

　　乐乐是一个喜欢观察周围事物的小朋友。一天，他在公园的花坛边看到一群蚂蚁正在忙碌地搬运食物。乐乐感到很好奇，于是便蹲在地上观察它们，他一边观察还一边问旁边的爷爷："爷爷，为什么有这么多蚂蚁搬运食物呢？"

　　爷爷耐心地向他解释道："因为蚂蚁是靠集体的力量生存的，正所谓'人多力量大'，参与的蚂蚁越多，搬运的食物也就越多，未来它们的食物储备也就越丰富。"乐乐听后深受启发，把这些记在了本子上。

　　很快，乐乐的本子就记满了各种新奇有趣的知识，这为乐乐积累了很多素材，还因此得到了老师奖励的小红花。

"老师，观察力和格局有什么关系呢？"

"那你觉得爱好观察和提问，对激发创造力有没有作用呢？"

"当然有！我觉得观察和提问能够让我们看到事物的不同方面，激发我们的思考，从而提升创造力。"

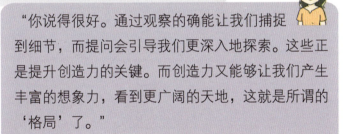

"你说得很好。通过观察的确能让我们捕捉到细节，而提问会引导我们更深入地探索。这些正是提升创造力的关键。而创造力又能够让我们产生丰富的想象力，看到更广阔的天地，这就是所谓的'格局'了。"

总结

　　观察入微，提问不止，才能开阔思路，提升格局，实现无限的可能。

爱观察的达尔文

达尔文是英国著名的博物学家，进化论的奠基人。他从小就对自然界中的各种奥秘怀有浓厚的兴趣。达尔文常常在闲暇的时候到树林间漫步，一边享受大自然的气息，一边寻找观察的对象。即便是休息的时候，他也依旧保持着敏锐的观察力，哪怕是一棵小草的细微变化，或者一只小虫的动作，都能引起他强烈的好奇心。

有一次，达尔文站在树下观察树上的小鸟，为了不惊扰它们，他仰着头静静地在树下一动不动地站了很久。由于他过于专注，甚至有只小松鼠都误以为他是一根木桩，竟然大胆地顺着腿爬上了他的肩膀。

正是这些长期的观察和研究，为达尔文积累了大量的研究资料，使他打开了眼界。这些也为他后来创立进化论、撰写《物种起源》这部著作提供了坚实的基础。

❶ 保持好奇心，主动观察并提问；认真、虚心聆听他人的讲解，养成及时记录的习惯。

❷ 积累知识素材，并将所学应用于生活，做到学以致用。

你认为下面哪种是能提升创造力和格局的行为？

A. 在公园模仿其他孩子堆沙堡。

B. 询问超市工作人员商品摆放的原理，并思考如何应用于自己的学习或生活中。

C. 阅读时，遇到不懂的词句直接选择跳过。

D. 跟妈妈学做饭时，按照妈妈教的步骤一步一步操作。

正确答案：B

『我有个想法』——表达力也是创造力的一部分

凯凯是个聪明伶俐的小男孩儿，他的口才特别棒。每次，他总是能用独特的方式讲述自己的想法，让人不知不觉就被吸引住。

有一天，学校举办了一场演讲比赛，主题是"我的梦想"。凯凯站在台上，进行了一番充满想象力和激情的演讲，同学们都听得入了迷。而另一边的昊昊也准备了同样的话题，但是他上台后，只是把课本上关于航天方面的知识重新背诵了一遍，丝毫没有体现自己的创意。

演讲结束后，昊昊主动向凯凯请教演讲成功的秘诀。凯凯耐心地问答了他，昊昊听完后恍然大悟，原来，口才不仅仅是说话那么简单，更要有创造力和吸引力，这样才能表达出自己的创意和梦想。

格局小课堂

"童童，你觉得表达力对一个人的成长重要吗？"

"我觉得表达力很重要，它可以帮助我们更好地与他人交流，让别人理解我们的想法和感受。"

"没错。而且，表达力也是创造力和格局的基础。通过表达，我们可以将内心的想法和创意变成具体的作品，展现出我们独特的视角。同时，充分的表达也能让我们更深入地思考问题，拓宽我们的视野和格局。"

总结

　　表达力不仅是沟通的桥梁，更是产生创造力和提升格局的源泉。只有拥有良好的表达力，我们才能更好地展现自己，拥有更广阔的舞台。

子贡游说五国

　　子贡是孔子门下的"高才生"，不仅机敏好学，而且口才十分了得。有一次，齐国的田氏想要出兵攻打鲁国，孔子身为鲁国人当然不能坐视不管，于是就和弟子们商量解救鲁国危机的办法。最终，这个艰巨的任务落在了最能言善辩的子贡身上，于是子贡开始了一次精彩的"口才表演"。子贡首先去了齐国和吴国，成功说服它们互相攻打。接着，子贡又去了越国，让越王勾践出兵伐吴，因为勾践曾经被吴王羞辱过，为了报仇雪恨，他很痛快地答应了。最后，子贡又来到晋国，劝说晋定公做好防御吴国的准备。最后，吴国果然打败了齐国，自信心膨胀的吴王又派兵进攻晋国，结果却吃了大亏，实力大损。这时越国趁机出兵灭掉了吴国，成为霸主。最终，鲁国在这场战乱中得以保全，五个国家的命运就这样被子贡一个人给改变了。

① 在日常生活中，多与他人交流，多分享自己的见解和感受。

② 注意倾听他人的观点，向他人学习好的表达方式，拓宽自己的视野和格局。

在以下日常生活场景中，你认为哪种表达方式是成功的？

A. 临摹一幅名画，没有加入自己的创意和想法。

B. 演讲比赛中，用生动有趣的语言讲述自己的成长经历，并引发了观众的共鸣。

C. 阅读时，独自理解书中的内容。

D. 在日记本上简单地记录自己的一天。

正确答案：B

『我想画一幅画儿』——音乐、美术是创造的灵感

乐乐十分热爱美术。一天，他和妈妈一同到美术馆参观，被里面一幅幅动人的画作所吸引而流连忘返。他对画家的创作初衷产生了好奇，于是问妈妈作者是为了表达什么。妈妈微笑着回答说："乐乐，这些看似毫无规律的线条，实际上代表的是画家想念家乡和母亲的思绪。所以，这幅画儿的色彩和线条代表了画家的内心世界，这就是艺术的创造力。"乐乐听后，仿佛明白了什么，他更加认真地观察起画作来。

从那天起，乐乐开始尝试用画笔表达自己的情感和想法。他画出了自己的第一个小作品，虽然简单，但充满了童真和创意。

"老师，为什么艺术家看世界的角度和普通人不一样呢？"

"那是因为艺术的世界只有音符、色彩和线条，能利用好它们的人，一定有更高级的灵魂。"

"我明白了，也就是说艺术能激发我们的想象力和创造力。通过欣赏艺术作品，我们可以学到很多不同的表现方式，从而开拓我们的思路。"

"没错，艺术确实是激发创造力的有效途径。它不仅可以激发我们的想象力，还可以帮助我们培养独特的审美观和格局。通过艺术，我们可以看到更广阔的世界，理解更多元的文化。"

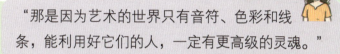

总结

　　艺术是创造力的源泉，它能激发想象，培养审美意识，拓宽视野，铸就我们的格局。

凡·高的力量

  凡·高是荷兰著名的画家，他常常深入田野、山间和村庄，寻找创作的灵感。他笔下的自然都被他赋予了旺盛的生命力和情感。凡·高对艺术的热爱和追求不光体现在他的作品中，也体现在他生活的方方面面。他时常因为沉浸在绘画中而忘却时间。他的这种精神深深地影响了艺术界的后辈们。

  有一次，凡·高被田野里的一片金色麦田所吸引，他立刻拿起画笔，开始了创作。在创作过程中，他完全忘记了自己，也忘记了来这里的目的，仿佛和这片麦田已经融为一体。最终，他创作出了一幅名为《麦田上的群鸦》的杰作，这幅画用强烈的色彩对比，反映出自然的力量和生命力，展现了凡·高对大自然的热爱和对生命的敬畏。而他之所以能创作出这样的作品，就是因为他会从更深、更高的角度欣赏这个世界。

❶ 定期参观美术馆、画廊或艺术展览，欣赏不同类型的艺术作品，开阔眼界，激发创造力。

❷ 自己动手创作艺术作品，可以是绘画、雕塑、手工制作等，通过实践来锻炼自己的创造力和艺术表现力。

以下选项中，哪项行为最能体现艺术对创造力的提升？

A. 阅读历史书籍，了解历史事件。

B. 在美术馆欣赏画作，并尝试理解画家的创作意图。

C. 模仿老师的教学方式进行讲课。

D. 在户外进行体育活动，锻炼身体。

正确答案：B

"我要当科学家"——用科技为思想插上翅膀

一个周末的午后，乐乐和昊昊到公园闲逛。突然，乐乐被一架无人机吸引了过去。他向无人机的主人询问无人机原理和操作技巧，很快就投入了进去，仿佛瞬间打开了一扇新世界的大门。

几天后，乐乐居然亲手组装了一个简易的无人机，他拉着昊昊跑到公园里成功试飞。昊昊看到后，惊叹不已，很佩服乐乐的创造力。

后来，乐乐不仅改进了他组装的无人机，还用它做各种事情，甚至开始研究起智能机器人，俨然成了一个"科技小达人"。也许在不远的将来，人们就能用上乐乐的发明了。

这算什么？以后我还要造机器人呢！

你真是太厉害了！

格局小课堂

"老师，我想当科学家！我觉得他们好酷，他们的发明让我们的生活越来越便捷了。"

"科技的确改变了我们的生活。那你认为科技对激发我们的创造力有什么样的帮助呢？"

"我觉得科技可以把我们想象中的东西变成现实，这就是创造生活的一种方式。"

"没错！科技不仅改变生活，更创造了生活，改善了人们的生活质量。无论是开发新的能源技术，还是攻克重大疾病，每一项科学成就都将为人类社会带来了巨大的改变。"

总结

关注科技，了解科技的最新动态，可以激发我们的创造力和想象力，帮助我们开拓更广阔的视野。

牛顿的苹果与万有引力定律

　　在英国一个宁静的小村庄里，一个年轻人正靠在一棵苹果树下思考问题。突然，一个熟透的苹果从树上掉下来，正好砸在了他的头上。年轻人陷入了深深的思考：究竟是什么力量，让苹果始终垂直于地面直直地落下。这个现象虽然再简单不过，但成为世界上最了不起的发现之一，而这个热爱科学的年轻人就是著名的科学家——牛顿。

　　经过长时间的研究和实验，牛顿提出了万有引力定律。他的这个理论不仅解释了苹果落地的原因，还揭示了天体运动的奥妙。

　　牛顿的这一理论奠定了物理学的基础，也让他在科学界获得了极高的声誉，因为这条定律的发现和发表改变了全世界人类的发展进程。

① 关注科技动态，积累科技知识，了解最新的科技发展和应用。

② 尝试将科技应用到生活和学习中，解决遇到的实际问题，增强动手能力。

以下选项中，你认为哪种行为最能够激发创造力？

A. 每天只关注娱乐新闻，对科技动态毫不关心。

B. 阅读科技类书籍和文章，对最新的科技发展保持关注。

C. 在课堂上总是玩手机游戏，不参与任何与科技相关的讨论。

D. 对科技有一定兴趣，但仅限于玩电子游戏。

正确答案：B

塑造品格

注重情感
培养和大局观

"这样对大家都好"——最大的格局就是有大局观

    在日常生活中，缺少大局观往往会给别人带来困扰，有时甚至会造成重大损失。齐齐就是这样一个人，他十分注重个人感受，却经常忽略大家的感受。有一次，家人计划周末一同到郊外野餐，全家人都在忙碌地准备食物和装备，只有齐齐惦记着该带哪个玩具模型。

    家人表达了不同看法，齐齐却大发脾气。没办法，家人们不得不拿出很多必需品，腾出空间来放置齐齐的玩具。然而，到了郊外后，本来艳阳高照的天气，忽然下起了大雨。他们才发现雨具也都被拿出去了，结果全家人都被淋成了"落汤鸡"。最后齐齐一家人大病了一场，真是得不偿失。

"老师，我有一个问题，格局和大局观到底有什么联系？"

"如果一个人做事喜欢考虑得很长远，能考虑群体利益，你觉得他是有格局，还是有大局观呢？"

"我觉得这两方面他都有。"

"没错。确实，一个人是否有大局观，决定了他的视野和思维方式，也就是说大局观就是这个人思维方式的体现。我们要想走得更远，看得更宽，就需要不断地提升自己的格局，培养自己的大局观。"

总结

大局观就是格局的一种体现，有格局的人一定有大局观。大局观是一种无私和人生智慧，所以最大的格局就是有大局观。

075

孟母三迁

　　孟子是中国古代著名的思想家和教育家。他的母亲为了给他创造一个良好的学习环境，曾经搬了三次家。最开始，他们家住在墓地旁，孟子经常模仿办丧事的那套东西。孟母认为这样的环境不利于孟子的成长，于是毅然搬走了。第二次，他们搬到了集市附近，邻居是个屠户，孟子又开始模仿屠户杀猪，玩做买卖的游戏。孟母还是觉得这样的环境对孟子的成长没有帮助，于是又一次搬了家。这一次搬家，他们来到一处学校旁边，孟子对学生们读书学习的样子很感兴趣，开始模仿他们读书学习，并学会了祭祀祖宗的仪式和在朝廷上鞠躬行礼及进退的礼节。孟母认为这才是孩子应该有的成长的环境，于是他们最终决定住下来。孟母三迁的做法，为孟子成长为一代大儒打下了重要基础，孟母也因此成为中国历史上最有大局观的母亲之一。

❶ 与他人沟通时，尝试站在对方的角度思考问题，理解对方的立场和感受。

❷ 做决策时，要考虑长远影响和整体利益，而不是只关注眼前的短期利益。

如果你发现了一个可能导致任务失败的问题，此时你会怎么做？

A. 直接告诉小组成员，让他们自行解决。

B. 保持沉默，认为这不是自己的责任。

C. 私下找负责人反映问题，并提出解决方案。

D. 告诉所有人这个问题很严重，引发恐慌和混乱。

正确答案：C

"帮别人就是帮自己"——公益活动是学习感恩的过程

　　丽丽参加了一个历史兴趣班。最近，兴趣班要组织一次辩论赛，丽丽为了查找资料，就和好友芳芳约定一同去图书馆借阅参考书。她们找了好久都没找到那本重要的参考资料。正在这时，一个女孩儿走了过来，正是对方的一辩选手萌萌。此时，她的手里正拿着那本书，微笑着说："你们是不是在找这个？那就给你们先看吧。"丽丽有些疑惑地问萌萌："咱们是对手，你为什么还要帮我呢？"萌萌大方地回答说："你准备得越充分，就越让我有动力去努力，那样我就能更快地提高自己。这算不算在帮我自己呢？"说完，三个人相视一笑，一起开始读书。

"老师，为什么帮助别人就等于帮助自己呢？"

"童童，你知道吗？当我们愿意帮助别人时，不仅能让对方感受到温暖和关爱，还能让自己收获快乐。更重要的是，我们在帮助别人的过程中会学会更多的知识和技能，拓宽自己的视野和格局。通过帮助别人解决问题，也能让自己得到成长。"

"哦，我明白了。帮助别人不仅能让他人受益，还能让我们自己变得更优秀。"

"对喽！正所谓'送人玫瑰，手有余香！'"

总结

　　通过帮助他人，不仅能传递温暖和关爱，还能从中获得快乐。更重要的是，有时帮助他人的过程还能够促进我们学习新的知识和技能，进而拓宽视野并提升个人的格局。

雷锋助人为乐的精神

雷锋是大家都熟悉的人。他曾在雨夜护送迷路的老人回家；工地上，他主动帮助工人搬运材料，即使汗水湿透了衣衫，也没有一声怨言；他还经常利用业余时间，帮助孤寡老人打扫卫生、洗衣做饭，用自己的行动关爱每个人。这些"平凡"的小事，却是雷锋乐于助人高尚品质的最直观体现。

一次，雷锋在火车站遇到了一个丢失钱包的妇女，他毫不犹豫地拿出自己的钱帮她买票回家。虽然他失去了回家的路费，但却为又帮助了一个人而开心，一点儿也不后悔。他用实际行动传递着温暖和爱，让人们即使在寒冬也能感受到春天温暖的气息。很快他的事迹就传遍了大江南北，成为人们学习的榜样。雷锋的大局观和无私奉献的精神永远闪亮，他的精神永远值得我们每个人去学习和发扬。

❶ 在日常生活中，学会主动帮助他人，无论事情大小，都能体现出我们的善良和格局。

❷ 帮助别人不仅能让对方受益，还能让我们收获快乐与成长。

如果你发现同伴因为遇到困难而沮丧时，你会怎么做？

A. 装作没看见，继续完成自己的任务。

C. 主动帮助他了解任务，并鼓励他积极参与。

D. 告诉他这个任务不重要，让他别放在心上。

正确答案：C

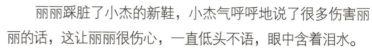

情景小剧场 ★

「真的没关系」——学会尊重他人就学会了包容

　　丽丽踩脏了小杰的新鞋，小杰气呼呼地说了很多伤害丽丽的话，这让丽丽很伤心，一直低头不语，眼中含着泪水。

　　这时，小华走了过来，他对小杰意味深长地说："鞋子脏了可以洗，但友谊有了裂痕是补不了的。我们要学会包容，别因为一点儿小事就伤了朋友的心。"小杰听了十分惭愧，他连忙向丽丽道歉。刚才还一脸委屈的丽丽一下子来了精神，她连忙擦干眼角的泪水，笑着对小杰说："真的没关系，妈妈告诉我对朋友一定要包容。今天我终于明白她的意思了。"说完，他们都不好意思地笑了起来。小朋友，你懂得包容的意思了吗？

　　友谊的裂痕是无法修补的。

格局小课堂

"老师，为什么我们要包容和尊重他人呢？"

"因为包容和尊重是人际交往中非常重要的品质。首先，当我们学会包容他人的不同意见和行为时，能够避免不必要的冲突，保持和谐关系。其次，尊重他人也能让我们赢得更多信任和尊重，建立更好的人际关系。"

"我明白了，那我们应该怎么做呢？"

"要先理解他人，不要轻易评判或指责他人。而且要耐心倾听别人的意见，即使不完全认同，也要给予尊重。还有就是要学会换位思考，站在他人的角度思考问题，只有理解，才能更容易做到包容。"

总结

包容和尊重他人在人际交往中意义重大。我们应该学会换位思考，耐心倾听不同意见并给予尊重，这样才能更好地做到包容与尊重他人。

负荆请罪

　　战国时期，赵国有一位名叫蔺相如的贤臣，他因"完璧归赵"的壮举被赵王封赏，官职超越了战功赫赫的名将廉颇。廉颇对此深感不满，甚至出言羞辱蔺相如。蔺相如知道这件事以后并没有报复和回击廉颇，而是选择了回避和容忍。蔺相如的门客们十分疑惑，都以为他是畏惧廉颇的权势。然而，蔺相如却淡淡地解释说："秦国之所以不敢轻易侵略我们，正是因为赵国有我和廉将军这样的忠臣。我不与廉将军争执并不是因为畏惧，而是觉得国家的安危不应该毁在我们个人的恩怨上。"

　　蔺相如的话传到了廉颇的耳中，他深感惭愧。于是他赤裸着上身，背着荆条，亲自登门向蔺相如赔罪。而蔺相如也并没有记恨廉颇，从此两人齐心协力，共同为赵国的繁荣贡献力量。

❶ 遇到矛盾首先要保持冷静，学会换位思考，用宽容的心态解决问题。

❷ 如果是自己有错，则勇敢道歉，真诚表达歉意；如果是对方有错，应该大方接纳对方的错误，宽容是修复关系最好的黏合剂。

当你和朋友玩耍时，不小心损坏了对方的玩具，对方生气地指责你，你应该怎么做？

A.反驳对方："我又不是故意的！"

B.道歉并尝试帮对方修复玩具。

C.忽视对方的情绪，继续玩自己的。

正确答案：B

『我会照顾好它的』——敢于承担责任才更有担当

　　乐乐领养了一只猫咪，他信誓旦旦地保证会照顾好它。刚开始，乐乐确实对小猫咪照顾得无微不至，每天都陪它玩耍，给它喂食。可是，没过多久，乐乐的兴趣就逐渐转移到了其他事物上，不再像以前那样照顾它了。小猫咪变得孤独而消瘦，这引起了爸爸妈妈的注意。爸爸对乐乐说："既然你决定领养猫咪，就应该担起照顾它的责任。每一个生命都值得尊重和爱护，每一句誓言也都要认真对待。否则，不仅是对猫咪的伤害，更会让别人对自己失去信任。"

　　听了父母的话，乐乐意识到了自己的错误，又重新承担起照顾小猫咪的责任，再也没有懈怠过。

格局小课堂

"老师，什么是'有担当，敢于承担责任'呢？"

"'担当'就是要有勇气面对困难，坚决履行自己的责任，不退缩、不推诿。拥有格局的人都是敢于承担责任的人，这是争取信任和尊重的根本。"

"那我们应该怎么做呢？"

"首先，要坚持履行诺言和职责，永不放弃；其次，在犯错时，要勇于承认自己的错误，不要逃避或推卸责任；再次，要积极寻找解决问题的方法，并付诸行动；最后，要学会反思，不断提高自己的能力和素质。"

总结

勇于承担责任，坚持履行诺言，积极面对挑战，勇于承认错误并付诸行动，不断自我提升，赢得信任和尊重。

华盛顿砍樱桃树

　　美国的一个小镇上，有一个名叫乔治的小男孩儿。他活泼好动，充满了好奇心。有一天，父亲有事出门了，只留他一个人在院子里玩耍。

　　院子里有一棵樱桃树，乔治看着樱桃树突发奇想，他拿起斧头，学着父亲的模样向那棵树砍去，没想到几下就把樱桃树砍倒了。当父亲回来看到这一幕时，生气地质问乔治："这是不是你的？"乔治看着父亲严肃的面孔，心里虽然害怕，但他还是鼓起勇气承认了自己的错误。没想到父亲并没有继续责怪他，而是拍了拍他的肩膀，笑着说："孩子，我很高兴你能讲真话！我宁愿失去一棵心爱的樱桃树也不希望看到你说谎！你是个敢于承担责任的男子汉，将来你一定会赢得他人的尊重和信任。"

　　这个男孩儿长大后确实成了一个真正有担当的人，他就是美国历史上的第一任总统——乔治·华盛顿。

格局演练屋

① 勇于承认错误，不逃避责任是成长的第一步。

② 担当不仅仅是对自己的要求，也是对他人和社会的责任。

当你发现因为自己的疏忽，导致整个活动失败时，你会怎么做？

A. 逃避责任，假装与自己无关。

B. 承认错误，并向同学们道歉。

C. 责怪其他参与者，把责任推给他们。

正确答案：B

重视财商

拓宽你的
财富格局

小风是个爱动脑筋的孩子，他对商业传奇十分感兴趣。

有一天，他偶然间看到了一档电视节目，深受启发，决定尝试创造一些小财富。于是，他把小时候的旧玩具和平时用不到的物品全部收拾出来，准备上传到网上的二手市场进行售卖。他把这些物品精心分类和整理，还仔细研究了一番定价和推销技巧。结果这些东西一上架，很快就销售光了。

后来，小风还联系了其他同学，把他们的旧物也进行了整理分类，然后挂在网上售卖，很快又卖完了。小明不仅赚到了自己的第一桶金，还体会到了创造和掌握财富的快乐。

092

"老师，什么是'财商'呢？"

"'财商'与'情商''智商'类似，就是创造财富、掌握和管理财富的能力。"

"财商具体有什么用呢？它和格局有什么联系？"

"拥有高财商，不仅能拥有更多的财富，还能让人更懂得规划未来，更容易实现梦想。财商的高低与格局的大小成正比，它也是打开格局、提升格局的重要方面之一。"

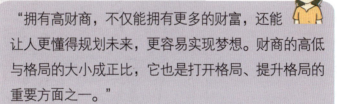

总结

勤奋和智慧对于创造和掌握财富不可或缺，培养高财商首先要培养创造力和创新思维，学习理财知识，树立正确的财富观念。

三聚三散

　　范蠡是春秋战国时期著名政治家，他在经商方面也非常有成就。范蠡曾经辅佐卧薪尝胆的越王勾践灭掉仇敌吴国，得到了很多赏赐。但就在功成名就之时，范蠡却辞去官职，散尽家产，悄然隐退了。他来到齐国默默经商，积累了千万家产。齐王看他贤能，又请他出任相国。范蠡认为长久地享受这种荣誉不好，于是便又一次辞官归隐，把财产分给乡邻，连夜走小道离开了。他搬到了定陶定居，还改名为陶朱公，第三次投身商海。他凭借独特的商业才华，又积累了大量财富，成为富甲一方的巨商。然而，有一年天下大旱，百姓几乎颗粒无收。他亲眼看见百姓的疾苦之后，又一次慷慨地将家产分给百姓，帮助国家渡过难关。从此，范蠡留下了"三聚三散"的传奇故事。

我已经帮您实现了梦想，所以该去追求我的梦想了。

①培养自己的创造力和创新思维，培养正确的理财观和价值观。

②学习必要的理财知识，树立正确的财富观念，不盲目追求奢华和虚荣，而是要用财富来创造更多有益的价值。

如果你得到了一笔压岁钱，你打算如何处理这些钱呢？

A. 全部用于购买自己喜欢的玩具和零食。

B. 存起来，用于未来的学习和生活。

C. 随便花掉，不考虑后果。

正确答案：B

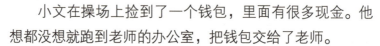
情景小剧场 ★

树立价值观——君子爱财，取之有道

　　小文在操场上捡到了一个钱包，里面有很多现金。他想都没想就跑到老师的办公室，把钱包交给了老师。

　　老师很高兴，她问小文："和老师说说，当时你是怎么想的呢？"小文斩钉截铁地回答说："'君子爱财，取之有道'，这是老师教给我们的道理。如果我连这点觉悟都没有的话，那些书不是白读了吗？"老师听了连连点头，不停地夸赞他是个好孩子。很快，钱包的主人就被找到了，是隔壁班的一位同学，他与小文因此还成了一对要好的朋友。

格局小课堂

"老师，什么是正确的财富观念呢？"

"正确的财富观念是指通过自己的劳动和本领获取财富和使用财富，不贪不义之财，珍惜每一分钱，用它们来创造更多的价值。这就是人们常说的'君子爱财，取之有道'。"

"那我们怎么才能做到'君子爱财，取之有道'呢？"

"我们应该培养自己的劳动意识和理财能力，通过努力学习、工作和创新来创造财富；同时，我们也要学会拒绝不义之财的诱惑，不断提升格局，坚守道德底线，远离违法乱纪。"

总结

　　培养正确的财富观念，需要我们具备创造力、理财知识和正确的价值观。通过努力实践，通过正当方式获得财富，拒绝不义之财的诱惑，坚守道德底线。

子贡拒金与子路受牛

孔子是我国伟大的教育家，在孔子的弟子中，有一位叫子贡的富商，平时乐善好施。一次，子贡在外国赎回了一名鲁国奴隶，按照法律，鲁国应该给他相应的奖励，但他却拒绝了。然而，这一善举却被孔子批评了，因为孔子认为子贡的行为虽然高洁，但会让那些想要领取补偿的人担心会被别人非议，从而打消赎回鲁国同胞的念头。

孔子的另一位弟子子路，曾在路上救了一位溺水者。溺水者为了感谢子路的救命之恩，送给他一头牛作为答谢。子路推辞不掉，就收下了那头牛，结果人们说他是为了钱财才营救落水者。孔子对子路的行为却表示赞赏，他认为子路的行为既帮助了他人，又得到了合理的回报，这样的行为反而会鼓励更多人见义勇为，这并不是不义之财。

小朋友，你们觉得子贡和子路做得对吗？

1 面对利益诱惑时，保持警觉和理性的思考，坚持道德底线，品格和格局更为宝贵。

2 增强自制力，树立正确的价值观、是非观，培养同理心和公德心，换位思考也是有效抵制诱惑的方式之一。

君子爱财，取之有道。不义之财不能要。

如果你在超市购物时，发现收银员多收了你的钱，你应该怎么做？

A. 偷些东西回家，弥补自己的损失。

B. 立刻向收银员指出，要求退回多收的钱。

C. 离开超市，不再追究多收的钱。

D. 下次再去超市时，提醒收银员注意。

正确答案：B

勤俭与积累——珍惜财富不等于吝啬

丽丽的家境贫苦，所以她一直都有节俭的生活习惯。

一天，学校组织春游，同学们都穿着新衣服，背着好吃的。只有丽丽背着自己制作的环保背包，里面装的是她从家里带来的食物和水，甚至没有购买一样零食。丽丽自己生活很节俭，但是她对待别人却很慷慨。她每年都会把节省下来的零花钱捐赠给希望工程，资助贫困地区的孩子读书。

渐渐地，丽丽的行动感染了周围的同学，大家开始纷纷以她为榜样，共同为保护环境、节约资源贡献自己的力量。

"老师，为什么我们要培养勤俭的美德呢？"

"勤俭是一种宝贵的美德，它是对财富和资源的珍惜，也是一种严格的自律。珍惜资源、减少浪费，不仅能够节省财富，还是一种环保的行为。"

"那节俭是不是'抠门儿'呢？"

"节俭和抠门儿是有本质区别的，节俭是对财富的有效、合理利用，是为了把有限的资源用作更重要的事情，是一种美德；而'抠门儿'是因为对财富和资源有过多的占有欲，不愿意和他人分享，这是一种不好的品质。"

总结

　　勤俭美德的培养不仅关乎个人成长，更关乎社会和谐与可持续发展。节俭需从生活中的点点滴滴做起，共同发扬勤俭的传统美德，这也是提升格局的重要品质。

格局故事会

厉行节俭的朱元璋

　　明朝的开国皇帝朱元璋出身贫寒，深知生活的艰辛和不易，因此即便可以享受锦衣玉食，他也从未放纵自己的欲望，铺张浪费。他平时穿着十分朴素，饮食也平平无奇，皇宫里的摆设更是简约至极，一点儿也没有奢华的样子。他严令皇宫里的开销要根据国家的财政情况调整，绝不能有一丁点儿的浪费。更难得的是，他还率领官员们下到田间地头亲自参加劳动，体验农民的辛劳，通过这种方式来教育官员们珍惜粮食。

　　朱元璋在位时，官员的反腐工作是他心中的头等大事，通过他的带头和示范作用，朝廷上下充满了廉洁之风。

① 从日常生活做起，养成节约的好习惯。

② 学会理财，合理规划自己的收入和支出，避免浪费。

节约用水

如果你在家里看到了一盏没有人的房间还亮着灯，你会怎么做？

A. 不关，反正不是我开的。

B. 立刻去关掉，节约用电。

C. 犹豫一下，但最终还是决定不关。

正确答案：B

103

亮亮是个非常热爱学习的孩子，他特别注意自我提升，在个人兴趣、爱好方面同样涉猎广泛。

有一天，亮亮又为自己的未来做了一次投资——他报名参加了一个编程夏令营活动。虽然这次活动花掉了亮亮积攒的全部零花钱，但他觉得这是一件特别有意义、特别值得的事情。经过一个夏天的学习，亮亮不仅学会了基础的编程知识，还通过夏令营认识了一大帮志同道合的朋友，他们平时互相鼓励和学习，还经常在一起探讨编程方面的知识和动态。这段经历让他更加坚定了一个信念：懂得为自己的未来投资，才是最重要的大事。

金钱不是唯一财富——学会投资才懂谋划未来

格局小课堂

"老师，我们年纪还小，为什么还要学会为自己投资呢？"

"问得好，虽然你们现在还小，但正是学习知识最快、领悟能力最好的时候。越早懂得为自己谋划未来并付诸行动，就会越早比别人积累更多的阅历和知识，这也是你们将来创造财富的基础。"

"那我们现在这个年纪，该如何为自己投资呢？"

"你们现在年纪还小，在财富积累上主要还是依靠父母，比如压岁钱、零花钱等。利用这些有限的财富，可以购买书籍、参加学习、培养兴趣，或者交给父母做理财等，这些都是投资行为。只要建立良好的投资思想，随着财富的增加和阅历的增长，眼光和格局将会逐步提升。"

总结

为自己的未来投资是成长的关键，可以培养远见和勇气，在关键时刻做出正确的选择，让自己赢在起跑线上。

奇货可居

　　吕不韦是战国时期一位拥有非凡商业眼光的商人和政治家。他早年在赵国都城邯郸经商，偶遇被留在赵国做人质的秦国公子嬴异人。当时，嬴异人流落在异国他乡，忍辱负重，十分凄惨，但吕不韦却看到他与其他质子的不同之处，认为他将来必定有大作为。在吕不韦这位商人的眼中，这位落魄的公子就是一件无比值得投资的"奇货"，这样一桩"买卖"比任何一笔生意都划算。

　　于是，吕不韦全力扶持嬴异人。后来，吕不韦花费巨资，调动自己所有的资源和人脉，精心谋划了一个大计划。最终成功让嬴异人得到了秦国王后华阳夫人的支持，顺利返回了秦国。

　　嬴异人回国后，继承了秦王之位，吕不韦也从一名富商一跃成为秦国的权臣，在历史上留下了他富有格局和眼光的传奇故事。

格局演练屋

❶ 认识到自我投资的重要性，持续不断地投资自己，提升能力和见识。

❷ 勇于尝试新事物，发展自己的兴趣和爱好，丰富自己的视野和处世经验。

关于为自己投资，以下哪个选项是正确的？

A. 只需要投资在学习上，其他方面的投资都是浪费。

B. 只在需要的时候投资，比如考试前或面临重大挑战时。

C. 持续不断地投资自己，包括学习、兴趣、健康等多个方面。

正确答案：C

拓宽视野

见识广博
心地会更宽阔

养成阅读习惯——书中的视野也很宽阔

铭铭是书店和图书馆的常客，每周末他就会去书店和图书馆看书。只要有足够的时间，待上一天他也不会觉得腻，因为他喜欢读书，浩瀚的知识海洋就是他的天地。平时放学后铭铭也不会像其他同学那样在路上玩耍，每次他都迫不及待地回到家中，钻进自己的房间里，抽出书架上的书本，投入地阅读起来。

在他眼中，各类书籍都是他的最爱，从科幻小说到历史传记，从自然科学到人文社科，他都觉得有趣。铭铭的父母感觉到，自从铭铭养成阅读习惯之后，他的言谈举止都改变了，而且变得越来越成熟和懂事，思考问题的角度也更加全面。有一次，学校组织了一场辩论赛，铭铭也报名参加了。他凭借平时积累的丰富知识和敏捷的思考力，带领着自己的团队一举获得了冠军。他的表现不仅得到了老师的夸赞，同学们也很佩服他。

小朋友，你觉得读书的力量大不大？你喜不喜欢读书呢？

图书馆

格局小课堂

"老师，阅读和格局有什么关系呢？"

"阅读是拓宽视野的重要形式。通过阅读，我们可以了解到不同的文化、思想和观点，从而丰富我们的内心世界，提升我们的认知和思考方式。"

"老师，阅读都有哪些好处呢？"

"阅读可以让我们更好地成长，并且在面对问题时，能从更多、更高的角度去思考，形成更全面、更深入的见解，从而提升我们的格局。"

总结

阅读是提升格局的重要途径，它可以帮助我们拓宽视野，丰富内心世界，提升认知能力和思维能力。

囊萤映雪

车胤和孙康是晋朝的两位读书人，他们虽家境贫寒却十分努力上进。车胤家中十分贫穷，因为买不起灯油，所以他在夜晚时无法读书。一天，车胤看到萤火虫发出的微弱光芒，便灵机一动，捕捉了许多萤火虫放入布袋中，利用它们发出的光芒照亮书本，继续刻苦读书。

孙康的家里也非常贫穷，同样买不起灯油。一个寒冷的夜晚，他发现落在地上的雪可以反射月光，而且雪所反射的光竟能照亮书本。于是，每当大雪纷飞时，孙康就趴在窗口，借助白雪的微光，专心致志地阅读书籍，看书时投入的状态甚至让他忘了寒冷。

这两个刻苦读书的故事，就是被后人传颂的"囊萤映雪"的典故。车胤和孙康为了读书克服了生活中的困难，成为后世赞誉和模仿的楷模。

❶ 养成定期阅读的习惯，在阅读过程中积极思考，形成自己的见解和认识并记录下自己的阅读心得和体会。

❷ 选择不同类型的书籍进行阅读，以拓宽自己的视野和知识面。

如果你打算培养自己的阅读习惯，你会如何制订自己的阅读计划呢？

A. 每天阅读一小时，但只选择自己喜欢的书籍。

B. 每周阅读一本书，并尝试阅读不同类型的书籍。

C. 只在有空的时候阅读，不制订具体的阅读计划。

正确答案：B

旅行增长见闻——开启别样的文化体验

小雨是个活泼外向的孩子，他最大的爱好就是旅行。

有一次，他来到云南的丽江古城，很快就被那里独有的纳西族文化及美丽的自然风光所深深吸引。在古城镇里，小雨和当地的老人聊天儿，了解了很多关于纳西族的历史和传统。他还亲自尝试了纳西族的特色美食，体验了当地独特的口味和文化魅力。这次旅行不虚此行，让小雨大开眼界，也让他更加珍惜和热爱不同地域的文化。

丰富的旅行经验让小雨成了学校里有名的"小旅行家"和"万事通"，同学们都很佩服他。

"老师，最近我喜欢上了旅行，真的好有趣！"

"真棒，旅行对于格局的形成简直太有帮助了。"

"为什么旅行能提升格局呢？"

"旅行不仅能让我们欣赏到美丽的风景，还能让我们接触到不同的文化、历史和人群。这些经历会拓宽我们的视野，增加我们的见识，从而让我们更加包容和理解世界。格局就是在这种不断学习和体验中逐渐提升的。"

"太好了！那我以后每星期都要出去旅行一次！"

总结

　　旅行是一种宝贵的学习机会，它能帮助我们拓宽视野，增长见识，提升格局。

115

资深"驴友"徐霞客

明朝末年出现了一位著名的地理学家,他的名字叫徐霞客。他出生于江苏江阴的一个富庶之家,一生志在四方,足迹遍布祖国各地。"达人所之未达,探人所之未知"是对他的毕生追求最贴切的写照。只要是他所到过的地方,都要进行深入的研究,并用游记的形式进行全面记载,他对观察到的各种奇特现象、当地人文、地理特点、动植物生长等状况都统统详细记录下来。最终徐霞客把他30多年积累下来的宝贵财富撰写成了《徐霞客游记》这部著作,成为流传后世的宝贵财富。《徐霞客游记》开创了地理学上系统性观察自然、描述自然的先河,是一部优秀的地理、旅行和文化巨著,在国内外都产生了深远的影响。

116

❶ 旅行能让我们接触到不同的文化和人群，拓宽视野，增长见识。

❷ 在旅行中，我们要保持好奇心和求知欲，勇于探索未知的世界。

如果你有机会去旅行，你认为哪里最适合拓宽视野？

A. 繁华的大都市，体验现代化的生活方式。

B. 欣赏美丽的自然风光，感受大自然的魅力。

C. 充满异域情调的地方，了解不同的文化和历史。

正确答案：C

关注热点大事——扩展思维的深度和广度

　　亮亮平时十分关注新闻时事，每天他最喜欢做的事就是花一些时间来浏览新闻，关注一下国内外的热点大事。久而久之，亮亮对国内外的时事、政策、局势都有了清晰的认识。为了能够更好地理解新闻里的内容，他还专门对历史、人文、地理等资料进行研究，积累了五花八门的知识。后来，他所在的学校与国外的一所小学合作，频繁地开展跨文化交流，亮亮凭借这些年的学习积累，以及他对新闻热点的把控能力，成功当选为小记者团团长。不久后，亮亮就要随团出发，前去国外考察学习了，不知道他会带回什么样的见闻呢？

格局小课堂

"童童，你觉得在团队合作中，需要关注热点大事吗？"

"我觉得需要，但是关注热点大事有什么好处呢？"

"关注热点大事有利于塑造我们的格局。通过了解不同领域的知识和信息，可以培养我们的跨界思维，提高解决问题的能力。同时，关注社会热点还能激发我们的责任感和使命感，促使我们为社会的进步和发展做出贡献……好处太多了！"

"我这就回家看新闻去！"

总结

关注热点大事有助于我们拓宽视野，广泛地积累知识；关注新闻大事能帮助我们建立跨界思维和责任感，进而提升我们的格局。

三顾茅庐分天下

　　诸葛亮是家喻户晓的三国名人，他是蜀汉的丞相，也是一位杰出的政治家和军事家。为了成就一番伟业，刘备"三顾茅庐"，最终打动了诸葛亮，答应出山为他效力。然而，当诸葛亮将自己多年苦心研究的局势和谋略和盘托出时，不仅刘备震惊了，天下也为之震撼。他虽然在茅庐中深居简出，却对天下局势了如指掌，还未出山，便已经预料了天下三分的局势，正所谓"运筹于帷幄之中，决胜于千里之外"，这句话也是对诸葛亮最大的赞誉。其实，这些都是源于诸葛亮对于当时时事的研究和他长远的眼光。他虽然住在茅屋里，却经常外出游历探访民情，看似风轻云淡却始终心系天下，渴望得到明主的认可。最终诸葛亮选择了刘备，而刘备也同样重视诸葛亮这个人才，这才有了以后的"三足鼎立"。

格局演练屋

❶ 关注热点大事可以帮助我们拓宽视野，增强社会责任感。通过了解不同领域的知识和信息，培养跨界思维，提高解决问题的能力。

❷ 关注天下大事可以让我们产生学习其他领域相关知识的动力，不断增加知识积累。

如果你看到一条关于环境污染的新闻会怎么做？

A. 不关心，继续做自己的事情。

B. 简单了解一下，然后忘记。

C. 深入了解新闻内容，学习和思考如何为环保做出贡献。

正确答案：C